你好，天空

［西］努里亚·罗卡　［西］卡罗尔·伊森◎文　［西］罗西奥·博尼利亚◎绘　马爱农◎译

科学普及出版社
·北　京·

天空很壮观

爱丽丝和奥利弗抬头望着天空。天空中有很多的人物：太阳公公一大早就出来了，月亮婆婆在一天结束的时候才出现……

“天空变暗时，满天都是亮闪闪的小光点，那些光点就是星星。”奥利弗说。

可以望远的望远镜

奥利弗看见高高的天空中有一个小点在移动……他想看得更清楚些。它是一颗行星？一颗恒星？还是一艘宇宙飞船呢？

爱丽丝对他说，如果他们去天文台，就能通过望远镜观察了，天文望远镜是天文学家用来观察天空的工具。

天文学

天文学家专门研究太空中的各种东西：行星、卫星和恒星……

天文学是一门古老的科学。太空中的东西很多很多，天文学家还没有全部了解！

地球是圆的

人们曾经以为地球是平的，但是很多年前，科学家发现地球竟然是……圆的！如果你离开家门，不停地往前走啊走，最后会从另一边绕回到你的家！

“我们就像两只在皮球上爬行的蚂蚁！”爱丽丝说。

地球在跳舞

地球是圆的，像陀螺一样转个不停。同时，它还绕着太阳旋转！

地球就像一个舞蹈家，太阳是它的舞伴，地球一边自转，一边绕着太阳旋转！

地球是一颗行星，行星就是绕着恒星旋转的天体。

我们去旅行吧！

地球就像一艘宇宙飞船，在太空中航行。我们是飞船上的乘客，在不知不觉中随着它遨游太空。

太空浩瀚无边，但地球这艘宇宙飞船从来不会迷路：它总是靠近太阳，总是沿着相同的轨迹旋转。

天空一年四季不一样

天空中的景象并不是一成不变的。比如，夏天的时候，太阳在天空中的位置更高、停留的时间更长，气温也更高；而在冬天，太阳的位置较低，每天很早就睡觉了，气温也更低。

“冬天的太阳好像懒洋洋的。”奥利弗说。

围着太阳转

地球一边自转，一边绕着太阳公转。月球也是一边自转，一边绕着地球公转。还有许多邻近的行星也在绕着太阳旋转。

“等等，这也太难懂了！我们完全没有搞明白！”奥利弗和爱丽丝说。

月亮总是和我们在一起

“那么，月球是绕着地球转的吗？”奥利弗问。

“完全正确！月亮总是和我们在一起！”爱丽丝的妈妈说。

月亮是地球的卫星，卫星就是绕着行星旋转的天体。

白天和夜晚

地球的自转使我们有了白天和夜晚的交替……试试看，如果你转过身，背对着太阳，你的肚子就会在阴影里，是不是？

地球相对于太阳也是这样的：随着地球的自转，阳光只能照到地球的一边，照不到的另一边就有了夜晚。

为什么会有冬天？

“还不止这些呢：想象一下地球是有头有脚的。

如果地球公转时脚冲着太阳，它的脚就处于夏天，因为脚离太阳更近；这个时候它的头就处于冬天，因为头离太阳更远。”爱丽丝的妈妈说。

我们看不见星星时，它们在哪儿？

白天，我们看不到星星，因为阳光太强烈了，使我们无法看到它们。这就像在大晴天看不到手电筒的亮光一样。

到了夜晚，我们就能看到行星和恒星了。

“恒星会发光，行星不会。”爱丽丝的妈妈说。

25

太阳系

八大行星绕着太阳旋转，它们分别是水星、金星、地球、火星、木星、土星、天王星和海王星。

所有这些行星，连同它们的卫星和其他小行星，构成了太阳系。

“我想成为太阳，然后整个世界就都围着我转啦！”奥利弗兴奋地说。

恒星

“那么恒星呢？”奥利弗问，他总是问个不停。

“不，恒星不绕着太阳转。恒星和我们的太阳是一样的，但它们离我们比太阳离我们的距离遥远得多。”爱丽丝的妈妈回答。

太空的舞蹈

我们的太阳系主要是由太阳和围绕它旋转的八大行星组成的。

这场舞蹈永远不会停……而且舞步总是不变！所以我们才会知道什么时候是冬季，什么时候是夏季；什么时候是白天，什么时候是夜晚！

趣味活动

出门探索行星间的距离

你可以和爸爸妈妈去乡村旅行，一起探索不同行星之间的距离。带上卷尺，找一个开阔的地方。不一定有足球场那么大，但必须能跑得开。把一颗弹珠放在场地的一端，代表一个迷你版的太阳，然后从这里开始测量：45 厘米处是水星；85 厘米处是金星；120 厘米处是地球；180 厘米处是火星；6 米处是木星。这还不算完！如果地方还够，你可以继续往下量：11 米处是土星；23 米处是天王星；36 米处是海王星。如果地方不够了，就在脑子里想象一下我们和邻居之间的距离有多遥远吧！

为什么会有夏天和冬天?

现在我们来做一件手工活儿。你需要一盏灯(比如一盏台灯)、一些橡皮泥、一支铅笔(还没有削尖也没关系),还需要一位成年人(可以是妈妈或爸爸)来给你做讲解。把橡皮泥揉成一个大球,至少有成年人的拳头那么大。大球揉好后,用铅笔从它中间穿过,让铅笔头从球底部露出来。然后,微微斜着铅笔,把代表地球的大球放在灯光能照到的地方。看看灯光是怎么照上去的:哪里被照得最亮?如果你让地球(橡皮泥球)绕着太阳(台灯)转一圈,会看到在被照亮的区域内,有的地方较亮,有的地方较暗。较暗的地方就是冬天,因为那里的光照强度较低,导致热量较少,比较寒冷。也就是说,是地球在太空中相对于太阳的位置发生了变化,才有了四季的交替。

有各种各样的**天体**，比如行星、卫星、恒星、彗星、小行星和流星体。**望远镜**是天文学家用来进行科学研究的主要仪器。它就像一个巨大的放大镜，可以用来观察很远的东西。多亏有了望远镜，天文学家才能够看到行星、恒星、卫星和太空中的一切。

亲子指南

天文学家是研究太空、天体和太空中各种现象的科学家，也就是专门研究天文学的科学家。天文学家观察天体的运动，发现新的天体，并测算它们之间的距离。

恒星是一种能够发光的天体。**行星**则是自身不发光的天体，它绕着一颗恒星旋转。在我们的太阳系中，太阳是恒星（它自身能够发光，给我们带来温暖和光明），八颗行星绕着太阳旋转，其中包括地球。**卫星**也是一种自身不发光的天体，总是围绕着某一个天体（比如行星）旋转。

每天，我们都能看到太阳在东方升起、在西方落下，**就好像太阳是从天空的一端移到了另一端**，但其实太阳并没有动，是地球在动。这有点儿像坐过山车：你感觉景物在你面前飞快地移动，是不是？其实景物并没有动，是我们自己在动。

白天，我们是看不见星星的，因为我们太阳系里的恒星——太阳的光太强烈了，所以我们看不到更遥远的恒星发出的光。这就像在阳光灿烂的露台上，几乎看不到一个手电筒的亮光一样。

按比例换算，太阳系中的**天体大小**分别是：太阳1米；水星3.5毫米；金星8.5毫米；地球9毫米；月亮2.5毫米；火星5毫米；木星100毫米；土星85毫米；天王星35毫米；海王星跟天王星差不多，只稍小一点儿。

图书在版编目（CIP）数据

你好，太阳系．你好，天空 /（西）努里亚·罗卡，（西）卡罗尔·伊森文；（西）罗西奥·博尼利亚绘；马爱农译．-- 北京：科学普及出版社，2023.1
ISBN 978-7-110-10512-2

Ⅰ．①你… Ⅱ．①努… ②卡… ③罗… ④马… Ⅲ．①天文学－儿童读物 Ⅳ．① P18-49

中国版本图书馆 CIP 数据核字（2022）第 200291 号

著作权合同登记号：01-2022-5115

策划编辑：李世梅
责任编辑：李世梅
助理编辑：王丝桐
版式设计：金彩恒通
封面设计：许　媛
责任校对：邓雪梅
责任印制：李晓霖

出版：科学普及出版社
发行：中国科学技术出版社有限公司发行部
地址：北京市海淀区中关村南大街 16 号
网址：http://www.cspbooks.com.cn
邮编：100081
发行电话：010-62173865
传真：010-62173081

开本：787mm×1092mm　1/12
印张：14 2/3
字数：72 千字
版次：2023 年 1 月第 1 版
印次：2023 年 1 月第 1 次印刷
印刷：北京瑞禾彩色印刷有限公司

书号：ISBN 978–7–110–10512–2 / P · 234
定价：168.00 元（全 4 册）

Original title of the book in Catalan:

Authors: Núria Roca and Carolina Isern
Illustrations: Rocio Bonilla

Simplified Chinese rights arranged through CA-LINK International LLC
(www.ca-link.cn)